Inhalt

Für die italienische Originalausgabe:

Italienischer Text von Elisa Prati

Für die deutsche Ausgabe:

Emil-Hoffmann-Straße 1, D-50996 Köln
Deutscher Text von Dr. Cornelia Panzacchi und Dr. Anuschka Albertz
Illustrationen von Oliver Bieber, Diana Billaudelle, Vinicio Salvini,
Giacomo Soriani, Kerstin Völker
Fotos von Archivio Giunti, Firenze; Corbis/Grazia Neri, Milano; MEV; Laura Ronchi – Tony Stone, Milano; Studio Mariani, Firenze
Coverbilder von Bildagentur Mauritius Images, Miles Kelly Art Library
Gesamtherstellung: Schwager & Steinlein Verlag GmbH

Art. Nr. 13338
www.schwager-steinlein-verlag.de

Meine Welt

Natur und Jahreszeiten

Schwager & Steinlein

Das Jahr

Eine Welt – viele Lebensräume

Hast du dir schon mal überlegt, in welcher Jahreszeit in Australien Weihnachten gefeiert wird? Mitten im Hochsommer! Wenn bei uns in Europa Winter ist, scheint auf der Südhalbkugel die Sonne. Für dich ist es normal, dass im Frühjahr die Bäume blühen, im Sommer das Korn reif wird, im Herbst die Zugvögel in den Süden fliegen und im Winter Weihnachten ist.
Auf der Erde gibt es viele, sehr unterschiedliche Lebensräume: Wüsten und Savannen, tropische Regenwälder und ewiges Eis. Dort wachsen andere Pflanzen und leben andere Tiere. Auch die Jahreszeiten sehen ganz anders aus als hier. Die vier Jahreszeiten unterscheiden sich dadurch voneinander, wie viele Stunden am Tag die Sonne scheint. Die Länder am Äquator werden am stärksten von der Sonne beschienen. Dort ist immer Sommer. Am Nordpol und am Südpol herrscht dagegen fast immer Winter.

Flüsse

Seen

Grasland

Steppe

Wüsten

Gletscher

Auf den höchsten Gipfeln der Hochgebirge ist es immer kalt. Hier liegt auch im Sommer Schnee. Die Winter sind lang, die Sommer kurz.

Was ist ein Lebensraum?

Dein Lebensraum ist erst einmal die Stadt oder das Dorf, in dem du wohnst. Weiter gefasst, bezeichnet der Lebensraum aber die besonderen Eigenschaften der Gegend, in der du lebst: ob in den Bergen oder am Meer, ob es im Sommer viel regnet oder im Winter schneit, ob es richtig heiß wird und woher der Wind weht. Das Wetter und wie nah ein Land am Äquator liegt, bestimmen, welche Pflanzen in einer Gegend wachsen können und welche Tiere dort leben. Du wirst kein Alpenveilchen in einem Moor finden und keine Geparden im Hochgebirge.

Wo lebst du?

Beschreibe deinen Lebensraum. Wie sieht die Landschaft aus? Wie ist das Wetter? Welche Pflanzen und Tiere leben dort?

?

Was ist der Äquator? Wo liegt er?

Eine gedachte Linie um den ganzen Erdball herum, genau in der Mitte zwischen Nordpol und Südpol.

Einmal um die Sonne

Ein Jahr lang ist die Erde um die Sonne unterwegs. Während dieser Reise werden die Erdteile unterschiedlich stark von der Sonne beschienen. Deswegen gibt es die vier Jahreszeiten, die immer aufeinander folgen: Frühling, Sommer, Herbst und Winter.
Im Sommer scheint die Sonne am längsten. Es wird früh hell und spät dunkel. Im Winter siehst du die Sonne nur wenige Stunden am Tag, und sie wärmt nicht richtig.

?

Wohin fliegen die Schwalben im Herbst?

Herbst

Die Bäume verlieren ihr Laub.

Äpfel, Birnen und Nüsse sind jetzt reif.

Einige Tiere bereiten sich auf den Winterschlaf vor.

Die Sommerferien sind zu Ende.

23. September
Herbstbeginn

21. Dezember
kürzester Tag im Jahr

Winter

Es wird kalt, und manchmal schneit es.

Du trägst jetzt Mantel, Handschuhe und Schal.

Viele Tiere verkriechen sich in warmen Höhlen.

Nach Südafrika, wo es warm ist

Ständig auf Achse

Die Erde dreht sich einmal in 24 Stunden um sich selbst. Daher haben wir Tag und Nacht. Die gedachte Linie, um die sich die Erde wie ein Kreisel dreht, nennen wir Erdachse. Sie steht schräg und bleibt beim Weg der Erde um die Sonne im gleichen Winkel geneigt. So ist eine Erdhalbkugel immer näher an der Sonne als die andere. Wo die Sonne stärker hinscheint, ist Sommer. Auf der anderen Halbkugel ist Winter.

Sonnenwende

Der längste Tag im Jahr heißt auch Sommersonnenwende. Der kürzeste Wintersonnenwende.

Sommer

21. Juni
längster Tag im Jahr

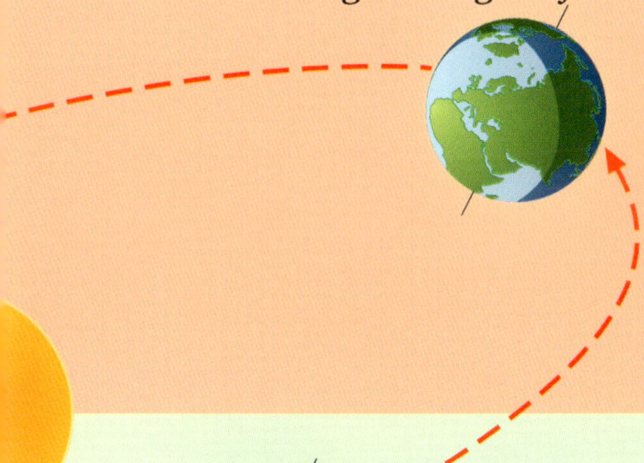

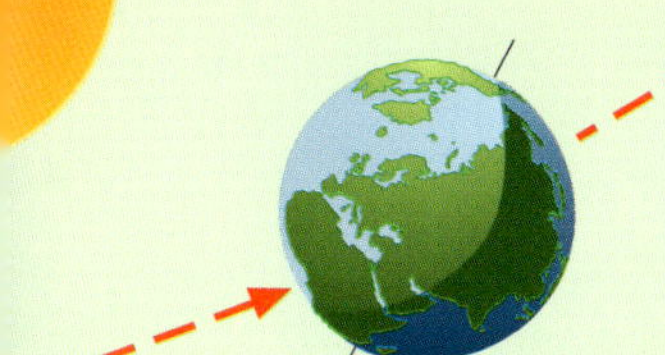

21. März
Frühlingsbeginn

Tagsüber summen die Bienen, nachts zirpen die Grillen.

Jetzt gibt es Kirschen und frisches Gemüse.

Endlich sind Sommerferien!

Frühling

Die Tage werden länger.

Die Bäume werden grün und blühen.

Die Schwalben kommen aus dem Winterquartier zurück.

Du kannst wieder draußen spielen.

Pflanzen und Jahreszeiten

Die Natur im Herbst

Wenn du im Herbst in den Wald gehst, siehst du eine ganz neue Farbenpracht: Die Blätter der Laubbäume und Sträucher haben sich gelb und rot verfärbt. Dann werden sie braun und fallen ab. Äpfel, Birnen und Weintrauben werden geerntet. Auch die Walnüsse und Haselnüsse sind jetzt reif. Im Herbst regnet es viel. Darüber freuen sich die Pilze, die überall wachsen. Vorsicht, nicht alle kannst du essen!

?

Was kannst du jetzt im Garten ernten?

Die Bäume im Winter

Die Laubbäume haben ihre Blätter abgeworfen. Sie würden sonst im Winter gefrieren. Das Laub bedeckt den Waldboden und wird durch Regen, Wind und Frost zersetzt. Es liefert der Erde neue Nährstoffe. Die Nadelbäume bleiben grün. Ihre harten, nadelförmigen Blätter können den Winter überstehen. Im Wald ist es jetzt viel stiller als zu den anderen Jahreszeiten. Die Natur scheint zu schlafen.

Blätter und Nadeln

Laubbäume sind sommergrün. Sie werfen im Herbst ihre Blätter ab und bekommen im Frühjahr neue. Nadelbäume sind immergrün. Sie verlieren ihre Nadeln im Herbst nicht.

Kohl, Kürbis, Lauch, Rote Bete

Blüten im Frühling

Wie werden die Blüten bestäubt?

Wenn es wärmer wird, spießen Knospen an Bäumen und Sträuchern. Sie öffnen sich zu zarten Blättchen oder Blüten. Auf Wiesen und in Gärten blühen die ersten Frühjahrsblumen: Schneeglöckchen und Schlüsselblumen, Krokusse, Narzissen und Tulpen. Die Natur erwacht wieder zu neuem Leben. Manche Blumen und Bäume haben Blüten in leuchtenden Farben, andere sind unauffälliger. Werden die Blüten bestäubt, entwickeln sich Samen und Früchte. Mit ihrer Hilfe pflanzen sich Bäume und Blumen fort.

Die Früchte des Sommers

Eine Weizenähre besteht aus mehr als 30 Körnern. Der Mähdrescher trennt die Körner von den Ähren.

Im Sommer ist das Laub der Bäume so dicht, dass du dich in ihrem Schatten vor der Sonne schützen kannst. Viele Obstbäume tragen jetzt Früchte: Kirschen, Pflaumen oder Pfirsiche. Auch die Beeren vieler Sträucher werden jetzt reif, und du kannst Himbeeren, Johannisbeeren und Brombeeren pflücken. Im Sommer wird auch das Getreide geerntet. Aus den Saatkörnern, die im Herbst oder Frühling ausgesät wurden, sind lange Halme gewachsen. An den Halmen haben sich Ähren aus Getreidekörnern gebildet. Erst waren sie grün, aber jetzt sind sie goldgelb gefärbt. Getreidesorten sind Weizen, Roggen, Gerste, Hafer und Mais. Der Mais ist reif, wenn an den hohen Stängeln dicke, gelbe Kolben gewachsen sind.

Durch Insekten oder den Wind, die die Pollen von Blüte zu Blüte weitertragen

Tiere und Jahreszeiten

Herbst und Winter

In der kalten Jahreszeit finden die Tiere kaum Futter. Deswegen bereiten sie sich auf den Winter vor. Das Eichhörnchen hat fleißig Nüsse gesammelt und vergraben, der Eichelhäher einen Vorrat an Eicheln angelegt. Die meisten Tiere bekommen ein dickes Winterfell.

Murmeltiere und Siebenschläfer fressen sich im Sommer kugelrund. Sie legen sich in ihren Bauen warme Nester aus Zweigen und Gras an. Wenn es kalt wird, ziehen sie sich dorthin zurück und schlafen bis zum Frühjahr. Im Winter sieht man weniger Vögel als im Frühling und Sommer. Einige Vogelarten ziehen im Herbst nach Süden in wärmere Länder. Die Vögel, die bleiben, plustern ihr Gefieder dick auf, damit sie nicht frieren.

Formationsflug

Im Herbst kannst du Vögel beobachten, die am Himmel ein V bilden. In dieser Anordnung ist es weniger anstrengend für sie, weite Strecken zu fliegen. Der Vogel vorne an der Spitze braucht am meisten Kraft. Daher wechseln sich die Vögel vorne ab.

Frühling und Sommer

Wenn es wieder wärmer wird, wachen die Tiere auf, die Winterschlaf gehalten haben. Nach und nach kommen die Zugvögel aus ihren warmen Winterquartieren zurück.

Viele Tiere paaren sich im Frühjahr und bekommen ihre Jungen. Die Tierkinder können den ganzen Sommer über wachsen und lernen, sich ihr Futter zu suchen. Bis zum Winter sind sie groß genug, die Kälte zu überstehen.

? Warum leuchten Glühwürmchen?

Von der Raupe zum Schmetterling

Eine Raupe schlüpft aus einem Ei, das ein Schmetterling gelegt hat. Die winzige Raupe frisst und frisst und wird dabei immer größer. Dann baut sie sich ein Haus: die Puppe.

Man sagt, die Raupe verpuppt sich. In Innern der Puppe verwandelt sich die Raupe in einen Schmetterling. Nach einiger Zeit schlüpft der Schmetterling und fliegt davon.

i Auf diese Weise locken die Männchen die Weibchen an.

Du in den Jahreszeiten

Im Herbst

Die Tage werden kürzer: Morgens wird es später hell und abends früher dunkel. Du kannst nicht mehr so lange draußen spielen und brauchst eine Jacke gegen die Kälte. Im Herbst ist es häufig neblig. Nebel entsteht, weil sich feuchte und warme Luft in der Nähe des Bodens abkühlt. Es ist eine Wolke auf dem Boden. Außerdem weht oft ein kräftiger Wind. Dann kannst du Drachen steigen lassen. Im Wald und im Park findest du Kastanien. Und eine Laterne für den Martinszug brauchst du jetzt auch.

Im Winter

?

Warum atmen wir im Winter kleine Dampfwolken aus?

Durch das elektrische Licht ist für uns der Winter heute viel weniger dunkel als für die Menschen früher. Da war es am späten Nachmittag schon stockdunkel, denn Kerzen konnten sich nur reiche Leute leisten.

Im Winter ist es sehr kalt, und du solltest Schal, Mütze und Handschuhe anziehen, wenn du nach draußen gehst. Man bekommt leicht einen Schnupfen. Zum Winter gehören Tee, heiße Suppen und natürlich Weihnachtsplätzchen! Im tiefsten Winter feiern wir Weihnachten und Silvester. Wenn der Winter zu Ende geht, wird Karneval gefeiert. Alle Kinder verkleiden sich. Als was verkleidest du dich am liebsten?

i Weil unser Atem dann wärmer als die Luft ist. Wenn er abkühlt, bilden sich winzige Wassertröpfchen.

Im Frühling

Wenn die ersten Sonnenstrahlen des Jahres wärmen, sind alle froh: Daher gibt es viele Lieder und Gedichte, die den Frühling freudig begrüßen. Du kannst jetzt endlich wieder länger draußen spielen und musst dich nicht mehr so dick einmummeln.
Die ersten Blumen blühen, und die Vögel zwitschern wieder munter.
Im Frühling liegt Ostern. Du kannst Ostereier bemalen und Schokoladeneier essen. Im Mai kann es schon richtig warm werden. Die ersten Erdbeeren werden jetzt reif.

Im Sommer

Es ist heiß. Wie gut, dass du jetzt Sommerferien hast und ins Schwimmbad gehen kannst! Vielleicht fährst du auch in den Ferien ans Meer oder in die Berge?
Weil du viel schwitzt, musst du viel trinken und deine Haut mit Sonnencreme schützen, wenn du in der Sonne spielst. Im Sommer ziehen abends oft Wolken auf, und es blitzt und donnert. Gewitter entstehen, wenn sich kalte und warme Luft vermischen. Die Tage sind lang. Es wird morgens früh hell und erst spät am Abend dunkel.

Warum schwitzen wir?

Wenn es heiß ist, tritt etwas Wasser, das in unserem Körper enthalten ist, durch die Haut aus. Es verdunstet und kühlt so unsere Haut. Deshalb bleibt die Körpertemperatur gleich und wir bekommen keinen Hitzschlag. Hunde können durch ihr dickes Fell nicht am Körper schwitzen. Sie hecheln.

Der Herbst

Im Wald

Bunte Bäume

Am auffälligsten ist der Herbst im Wald: Die Blätter der Laubbäume haben sich gelb, rot und braun verfärbt. Auf dem Boden findest du Eicheln und Bucheckern. Das sind die Früchte und Samen der Eichen und Buchen. Die Laubbäume verfärben sich, wenn es kälter wird. Dann wird der grüne Farbstoff in den Blättern abgebaut. Die anderen Farbstoffe, die in den Blättern vorhanden sind, kommen zum Vorschein: erst Gelb, dann Rot und schließlich Braun. Nach dem ersten Frost fallen die Blätter ab.

Im Frühherbst findest du im Wald Pilze. Sie wachsen auf altem Laub oder Baumstümpfen. Einige Pilze, wie Pfifferlinge oder Steinpilze, sind essbar. Andere sind sehr giftig! Deswegen darfst du niemals im Wald einfach einen Pilz probieren.

Eiche

Am 23. September sind Tag und Nacht genau gleich lang. Man nennt diesen Tag Herbst-Tagundnachtgleiche.

Grüner Farbstoff

Der grüne Farbstoff der Blätter heißt Chlorophyll. Er sorgt für die Ernährung einer Pflanze. Er nimmt die Sonnenenergie auf und stellt Zucker und Stärke her. Dazu braucht die Pflanze Wasser und Kohlendioxid.

Wo steht die Erde am 23. September? Sieh nach auf S. 8

Unter einem Baumstamm baut sich der Gartenschläfer sein Nest für den Winter. Hier lagert er seine Vorräte.

Der Eichelhäher vergräbt im Herbst Eicheln im Boden. Wenn er im Winter Hunger hat, holt er sie heraus.

Kastanien

Die Früchte der Edelkastanie kannst du essen. Sie werden von einer stacheligen Hülle umgeben. Viel häufiger findest du im Wald und in Parks aber die Kastanien der Rosskastanie. Aber du kannst sie nicht essen. Die Edelkastanie und die Rosskastanie sind gar nicht miteinander verwandt. Nur ihre Früchte sehen sich ähnlich.

Auf dem Land

Im Herbst holen die Landwirte die letzte Ernte ein: Äpfel und Birnen werden gepflückt, Möhren, Kohl und Kartoffeln geerntet. Die Felder werden jetzt für die neue Aussaat vorbereitet: Dazu werden sie zuerst gepflügt, damit der Ackerboden schön locker ist. Im November wird das Wintergetreide gesät. Die Körner bleiben den Winter über im Boden und keimen im nächsten Frühjahr. Nachts kann es im Herbst schon Frost geben. Die Lufttemperatur sinkt dann unter Null °C. Am nächsten Morgen ist alles mit Raureif bedeckt.

Am Baum ist die Walnuss noch von einer grünen Frucht umgeben.

Wenn die Wildschweine im Wald nicht genug Eicheln und Bucheckern finden, suchen sie auf Feldern und Wiesen nach Nahrung.

Weinlese

Im Herbst werden die Weintrauben geerntet. Dann werden die Trauben gepresst. Der Saft kommt in Tanks, in denen er gärt. Dabei verwandeln winzig kleine Organismen den Zucker im Saft in Alkohol. Danach ruht der junge Wein noch einige Zeit in Fässern.

In den Bergen

In den hohen Lagen der Gebirge kann es im Herbst schon schneien. Die Kühe werden von den Bergweiden, den Almen, auf denen sie im Sommer gegrast haben, ins Tal geholt. In vielen Gegenden ist das ein großes Fest. Die Kühe werden mit Blumen geschmückt.

Den Tieren der Berge wächst ein dichtes Winterfell. Die Murmeltiere beginnen im Herbst ihren sechsmonatigen Winterschlaf.

Nadelbäume

Fichten, Tannen, Kiefern und Lärchen sind Nadelbäume. Sie wachsen auch noch hoch oben im Gebirge, wo es keine Laubbäume mehr gibt. Ihre harten, nadelförmigen Blätter sind winterfest. Nur die Lärche wirft ihre Blätter im Herbst ab. Die meisten Nadelbäume tragen holzartige Zapfen. Unter den Schuppen der Zapfen sitzen die Samen. Bei Tannen wachsen die Zapfen nach oben, bei Fichten nach unten.

Das Hermelin wechselt im Herbst sein Fell. Sein Winterfell ist ganz weiß. So ist es im Schnee gut getarnt.

In der Stadt

Auch in der Stadt kann der Herbst sehr ungemütlich sein mit kaltem Regen, Wind und Nebel. Die Müllabfuhr hat jetzt viel zu tun. Sie muss das abgefallene Laub der Bäume von den Straßen und Fußwegen räumen. Aus den Schornsteinen der Häuser steigt Rauch auf: Die Wohnungen werden geheizt. Seit es Kohleöfen, Öl- und Gasheizungen gibt, sind Herbst und Winter für die Menschen viel angenehmer geworden. In den warmen Ländern am Mittelmeer haben viele Häuser keine Heizung. Wenn es dort einmal kalt ist, wird es zu Hause ungemütlich.
Am 11. November ist Martinstag. Die Kinder ziehen am frühen Abend mit selbstgebastelten Laternen durch die Stadt und singen Martinslieder.

Gummistiefel

Wenn du im Herbst durch die Pfützen springst, solltest du dich warm anziehen und deine Gummistiefel tragen. Denn jetzt beginnt die Erkältungszeit. Allerdings wirst du nicht wegen der Kälte krank, sondern durch Viren. Bei Kälte ist dein Körper einfach nur anfälliger für sie.

Bunt sind schon die Wälder

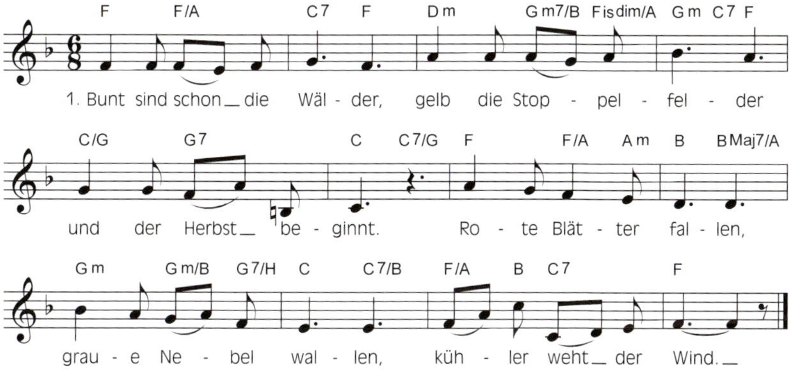

!

Bauernregel

November tritt oft hart herein, muss nicht viel dahinter sein.

Ich geh mit meiner Laterne

2. Ich geh ...
Laternenlicht, verlösch mir nicht!
Rabimmel, rabammel, rabumm.

3. Ich geh ...
Mein Licht ist aus, wir gehen nach Haus,
rabimmel, rabammel, rabumm.

Was hörst du im Herbst?

Stelle dir die Geräusche vor, die du im Herbst hörst: Im Wald und im Park rascheln die trockenen Blätter, wenn du durch die Laubhaufen läufst. Du hörst den Regen gegen die Fensterscheibe trommeln. Der Wind heult in der Straße. Aber es ist auch stiller geworden: Viele Vögel sind in ihre Winterquartiere geflogen. Dafür hörst du viele Menschen niesen ... Hatschi!

Das ziehen wir an

Was hängt im Herbst in deinem Schrank? Lass uns mal nachsehen …

1. Baumwollsocken
2. Wollstrümpfe
3. warme Unterwäsche
4. Fleecepullover
5. Baumwollpullover
6. Wollpullover
7. Jeans
8. Cordhose
9. warmer Rock
10. Regenmantel
11. Anorak
12. Taschentücher
13. feste Schuhe
14. Gummistiefel

Die Herbstfarben

Wenn du ein Herbstbild malen möchtest, brauchst du ganz bestimmte Farben. Welche sind das? Welche Farben haben die Kleidungsstücke, die du im Herbst trägst?

- *Gelb*
- *Orange*
- *Rot*
- *Ocker*
- *Siena*
- *Braun*
- *Dunkelgrün*
- *Lila*
- *Grau*

Das essen wir

Wie sieht ein gedeckter Tisch im Herbst aus? Was können wir im Herbst essen?

Im Spätsommer ist das Getreide geerntet worden: Weizen, Mais, Dinkel, Gerste, Reis.

1. Pilzrisotto
2. Linseneintopf
3. Salat aus Karotten, Stangensellerie, Radieschen und Tomaten
4. Blumenkohl
5. Rosenkohl
6. Rüben
7. Rotkohl
8. Lauch
9. Spinat
10. Artischocken
11. Kürbis

Aus dem Obst, das im Sommer und Herbst geerntet wird, werden Kompotts und Konfitüren hergestellt und Saft gepresst. Es gibt eine große Auswahl an frischem Obst und Gemüse. Im Herbst wird in vielen Ländern das Erntedankfest gefeiert, um Gott für die Ernte zu danken.

Halloween

Für Halloween am 31. Oktober kannst du dir ein Kürbisgesicht basteln. Du brauchst dafür einen großen Kürbis und ein Messer. Lass dir von einem Erwachsenen helfen. Schneide um den Stiel einen Deckel und höhle den Kürbis aus. Schnitze dann Augen, Nase und Mund in den Kürbis. Wenn du eine Kerze hinein stellst, leuchtet er schön schaurig im Dunkeln.

Der Winter

In der Stadt

Wenn es in der Stadt friert und schneit, gerät der Verkehr durcheinander: Die Autos rutschen auf den glatten Straßen. Die Straßenbahnen haben Verspätung, weil Weichen und Oberleitungen vereist sind. Dann rücken die Schneepflüge aus, räumen den Schnee und streuen Salz und Splitt auf die Straßen. Das Salz taut das Eis auf: Es löst sich in dem Wasser, das im Eis enthalten ist. Die Salzlösung gefriert erst bei viel niedrigeren Temperaturen als Wasser. Im Dezember sind die Geschäfte und Straßen mit Tannengrün und Lichtern geschmückt. Auf den Weihnachtsmärkten duftet es nach Lebkuchen und nach gebrannten Mandeln. In den Fußgängerzonen drängen sich die Menschen, um Weihnachtsgeschenke zu kaufen. An Weihnachten feiern wir die Geburt von Jesus Christus. Alle Kirchen in der Stadt läuten mit ihren Glocken.

Am 21. Dezember erreicht die Sonne ihren tiefsten Stand. Es ist der Tag der Wintersonnenwende mit der längsten Nacht des Jahres.

Warum ist es im Winter kalt?

Unsere Erdhalbkugel liegt auf der Seite, die von der Sonne abgewandt ist.

Wie steht die Erde am 21. Dezember? Schau nach auf S. 8

Auf dem Land

Hast du schon mal erlebt, wie still eine Landschaft ist, wenn es schneit? Schneeflocken bestehen aus unzähligen ineinander verhakten winzigen Eiskristallen. Dazwischen ist Luft und diese schluckt die Geräusche. Neuschnee ist pulvrig und leicht. Wenn er schmilzt und wieder gefriert, bildet sich eine Schneekruste, die man Harsch nennt. Ist der Neuschnee schön feucht, kannst du einen Schneemann bauen. Im Winter ruht die Arbeit auf dem Feld. Die Bauern arbeiten im Haus und in den Ställen.

?

Wie viele Zacken hat ein Eiskristall?

Keine Angst vor Kälte

Einige Vögel fliegen im Herbst nicht in den Süden, sondern bleiben bei uns. Zu ihnen zählen die Amseln, Meisen, Rotkehlchen und Spatzen. Auch die Krähen, Raben und Eulen bleiben. Sie finden auch im Winter genug Futter, um zu überleben. Wenn ihnen kalt ist, plustern sie das Gefieder auf. Wenn der Winter sehr streng ist und viel Schnee liegt, freuen sich die Vögel, wenn du ihnen Vogelfutter ins Vogelhäuschen streust.

Rotkehlchen

Sechs

In den Bergen

Im Gebirge schneit es im Winter oft sehr viel. Feuchter Schnee ist schwer, und unter seiner Last kann ein schlecht gebautes Dach einstürzen. Die Hausdächer in den Alpen sind steil, damit der Schnee abrutscht. Auch die Äste der Tannen und Fichten sind so gewachsen, dass sie unter der Schneelast nicht gleich abbrechen. In den Bergen kann es zu Schneeverwehungen kommen. Der Wind weht trockenen Pulverschnee in Mulden oder Ecken. Dort kann der Schnee dann plötzlich meterhoch sein, obwohl in der Umgebung kaum Schnee liegt.

Die Bären halten Winterruhe. Sie unterbrechen sie mehrmals, um zu fressen. Hoch oben zieht der Steinadler seine Kreise und späht nach Schneehasen, Murmeltieren und anderen Vögeln.

?

Was ist eine Lawine?

Eine große Masse von Schnee, die einen Berghang hinabstürzt und immer schneller wird

Die Gletscher im Hochgebirge sind aus Eis. Das Eis ist aber nicht ganz fest, sondern kriecht langsam zu Tal. Gletscher tauen auch im Sommer nicht ganz auf.

Wintersport

Im Winter kommen viele Menschen in die Berge, um Ski zu fahren oder zu rodeln. In den Skigebieten bringen Seilbahnen die Skifahrer auf den Berg. Die Skipisten sind farblich gekennzeichnet, je nachdem wie schwierig zu fahren sie sind. Mit Pistenraupen werden die Buckel auf der Piste eingeebnet. Weil es in manchen Skigebieten nicht mehr jeden Winter genug schneit, werden Schnee-kanonen eingesetzt. Sie pusten Kunstschnee in die Landschaft.

Vorsicht, Sonne!

Sonnenbrand mitten im Winter, wie geht das? In den Bergen ist die Luft klarer und die Sonnenstrahlen treffen gerader auf die Erde. Deshalb muss man sich beim Skifahren gut mit Sonnen-creme schützen, wenn die Sonne scheint.

Im Schnee kann man die Spuren der Tiere erkennen. Hast du schon einmal die Spur von einem Reh oder einem Hasen gesehen?

Am Meer

Eisiger Wind und graue, schaumgekrönte Wellen – das Meer kann im Winter ganz schön ungemütlich sein. Doch auch wenn du zähneklappernd von einem Strandspaziergang zurückkommst, ist es am Meer in der Regel nicht so kalt wie in den Bergen oder im Landesinnern. Am Meer herrscht ein besonderes Klima: Wir nennen es Seeklima.
Die Nordsee ist im Winter immer noch etwa 10 °C warm. Das Salz im Wasser verhindert, dass das Meer zufriert. Nur im flachen Wattenmeer kann sich in sehr kalten Wintern eine Eisschicht bilden. Die Ostsee friert allerdings im Winter im Norden und Osten zu. Sie enthält weniger Salz als die Nordsee.

Das Meer als Wärmespeicher

Die Temperatur von Salzwasser verändert sich nur langsam. Im Frühjahr nimmt das Meer Wärme auf und speichert sie. Im Sommer erwärmt sich das Meer, bietet aber in größter Hitze immer noch Abkühlung. Im Herbst kühlt das Meer ab. Doch im Winter ist die Temperatur des Wassers höher als die der Luft. Das Meer erwärmt jetzt die Luft an Land. Deswegen wird es an der Küste nie so kalt wie im Landesinnern.

Ein Lied hinterm Ofen zu singen

Der Winter ist ein rechter Mann,
kernfest und auf die Dauer;
sein Fleisch fühlt sich wie Eisen an
und scheut nicht süß noch sauer.

Sein Schloss von Eis liegt ganz hinaus
beim Nordpol an dem Strande,
doch hat er auch ein Sommerhaus
im lieben Schweizerlande.

Da ist er denn bald dort, bald hier,
gut Regiment zu führen;
und wenn er durchzieht, stehen wir
und sehn ihn an und frieren

Matthias Claudius

Bauernregel

Knospen an St. Barbara,
sind zum Christfest
Blüten da.

Stelle am 4. Dezember einen Zweig ins Wasser. An Weihnachten blüht er.

Schneeflöckchen, Weißröckchen

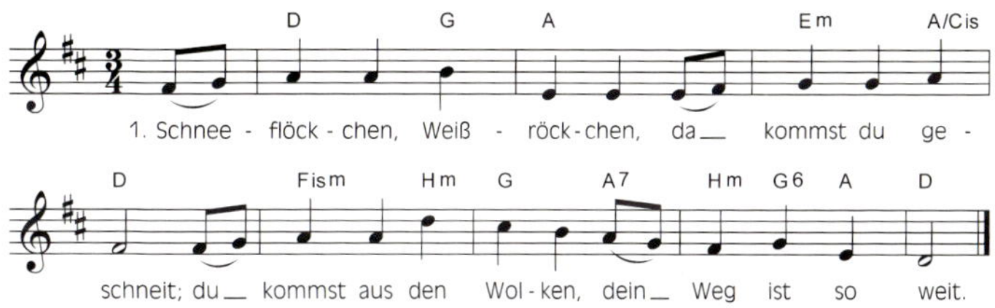

2. Komm, setz dich ans Fenster, du lieblicher Stern:
malst Blumen und Blätter, wir haben dich gern.

3. Schneeflöckchen, du deckst uns die Blümelein zu,
dann schlafen sie sicher in himmlischer Ruh.

Was hörst du im Winter?

Stelle dir die Geräusche vor, die du im Winter hörst: Die Schneeflocken verschlucken den Verkehrslärm. Eine Schneeschaufel kratzt über den Gehweg. Die Kinder lachen und rufen beim Schlittenfahren und Schlittschuhlaufen. Weihnachtsmusik tönt aus den Lautsprechern der Geschäfte. Die Kirchenglocken läuten. An Silvester knallen Böller, und Raketen zischen durch die Luft. Am Fluss knacken die Eisschollen. Ein Eiszapfen poltert von der Dachrinne herab. Am Ende des Winters wird es besonders laut auf den Straßen: Die Narren rufen Alaaf und Helau!

Das ziehen wir an

Was hängt im Winter in deinem Schrank? Lass uns mal nachsehen …

1. Wollstrumpfhosen
2. Wollsocken
3. warme Unterwäsche
4. Mützen
5. Handschuhe
6. Schal
7. Wollpullover
8. Rollkragenpullover
9. Fleecepullover
10. Wollrock
11. Cordrock
12. Cordhose
13. Wollhose
14. Wintermantel
15. Daunenjacke
16. feste Schuhe
17. Stiefel

Die Farben des Winters

Stell dir vor, du gehst an einem Winternachmittag im Park spazieren. Welche Farben siehst du? Und welche sind typisch für den Winter?

- *Mittelbraun*
- *Dunkelbraun*
- *Grau*
- *Beige*
- *Dunkelgrün*
- *Mittelblau*
- *Dunkelblau*
- *Dunkelviolett*
- *Schwarz*

Das essen wir

Im Winter verbraucht unser Körper viel Energie, um bei großer Kälte unsere Körpertemperatur gleichmäßig hoch zu halten. Deshalb essen wir in dieser Jahreszeit gerne Gerichte, die sehr nahrhaft sind und viel Fett und Eiweiß enthalten. Zu Weihnachten und Neujahr werden festliche Menüs gekocht.

!

In Geschäften findest du auch im Winter Kiwis, Bananen, Mangos und Ananas. Sie werden aus warmen Ländern eingeführt. Vitamine sind im Winter wichtig.

1. Auflauf
2. Grießpudding mit heißen Beeren
3. Gemüseeintopf mit Weißkohl, Wirsing, Blumenkohl, Kartoffeln, Lauch und Steckrüben
4. Bohnen
5. Linsen
6. Kichererbsen
7. Eisbein
8. Karpfen
9. Schweineschnitzel
10. Wiener Schnitzel
11. Grünkohl und Wirsing
12. Orangen
13. Mandarinen
14. Grapefruit
15. Äpfel
16. Birnen

Der Frühling

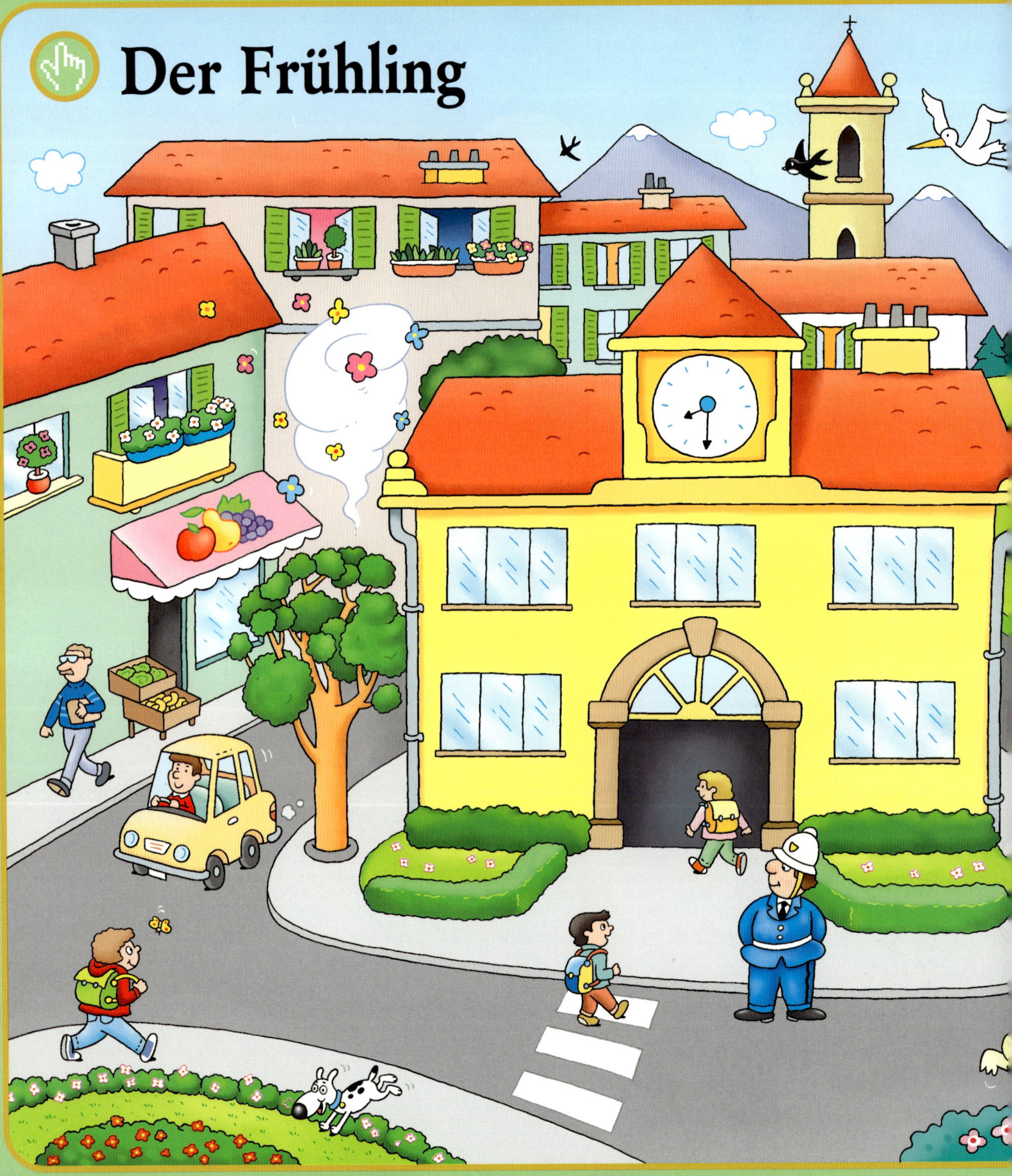

Auf dem Land

Die Sonne scheint wärmer, und die Tage werden länger: Der Frühling beginnt. Hellgrüne Knospen sprießen an den Zweigen der Bäume und Sträucher. Auf den Wiesen und in den Gärten blühen die ersten Blumen: Schneeglöckchen, Winterlinge, Märzbecher und Krokusse.

!

Nach dem Kalender beginnt der Frühling am 21. März, dem Tag der Frühlings-Tagundnacht-gleiche. Tag und Nacht sind an diesem Tag gleich lang.

Ein Regenbogen erscheint immer auf der Seite, die der Sonne gegenüber liegt.

Das Wetter wechselt im Frühling rasch: Wir nennen das „Aprilwetter". Auf Wind und Regenschauer folgt Sonnenschein – nicht selten begleitet von einem Regenbogen. Wenn die Sonne aus den Wolken hervorkommt, während es regnet, scheint sie durch die Wassertröpfchen hindurch. Das Sonnenlicht wird in seine Spektralfarben aufgespalten, und du siehst einen bunten Regenbogen. Die Reihenfolge der Farben ist immer gleich und von außen nach innen Rot, Orange, Gelb, Grün, Blau, Indigo und Violett.

Wie steht die Erde am 21. März? Schau nach auf S. 9

Am Teich

Im Frühjahr legen die Frösche ihre Eier, den Froschlaich, in Teichen ab. Nach etwa zehn Tagen schlüpfen die Kaulquappen. Zunächst haben sie Kiemen. Wenn ihnen Hinterbeine gewachsen sind, kommen sie zum Atmen an die Wasseroberfläche. Dann wachsen die Vorderbeine. Zum Schluss fällt der Schwanz ab, und nach etwa drei Monaten hüpft ein Frosch aus dem Teich.

?

Was für ein Tier ist der Kohlweißling?

Die Zugvögel kehren aus dem Süden zurück. Alle Vögel sind nun sehr geschäftig: Sie bauen aus Zweigen und Gras ihre Nester. Einige Zeit später sieht man die Vogeleltern fast ohne Pause zu ihrem Nest fliegen. Dort sperren die Vogeljungen hungrig ihre Schnäbel auf und verlangen lautstark nach Futter. Im Frühling säen die Bauern Möhren, Salat, Erbsen und Zwiebeln aus. Auf den Feldern sprießt das Getreide, das im Herbst gesät wurde. Es wird jetzt gedüngt, damit es genug Nährstoffe zum Wachsen hat.

i Ein weißer Schmetterling, der seine Eier auf Kohlblättern ablegt

In den Bergen

Im Gebirge schmilzt jetzt der Schnee. Die Gebirgsbäche schwellen vom Schmelzwasser mächtig an. Die Bäche münden in Flüssen und lassen diese ansteigen. So kann die Schneeschmelze in den Bergen an ganz anderen Orten zu Hochwasser führen. Die Bergbauern haben im Frühjahr viel zu tun. Um die Kuhweiden müssen neue Zäune gezogen werden. Sie werden jeden Herbst abgerissen, weil der Schnee sie zerstören würde. Die Kühe dürfen jetzt wieder auf die Weide. Auf den hochgelegenen Almen liegt häufig noch bis zum späten Frühjahr Schnee.

Frühlingsgefühle

Ungestüm jagen die Eichhörnchen durch die Bäume. Sie paaren sich zu Beginn des Frühjahrs. Das Weibchen bringt in seinem Nest bis zu sechs Junge auf einmal zur Welt. Das Nest ähnelt einer hohlen Kugel und liegt in schwindelerregender Höhe im Baum. Die Jungen kommen nackt und blind zur Welt. Nach drei Wochen wachsen ihnen Fell und Nagezähne.

Am Meer

Auch die Fische, Krebse und Muscheln bekommen ihren Nachwuchs im Frühjahr. Weit draußen im Meer schwimmen Schwärme von kleinen Fischen, die frisch aus den Eiern geschlüpft sind, die ihre Eltern auf dem Meeresboden abgelegt haben.
Die kleinen Fische sind in allen Weltmeeren in großer Gefahr. Weil es von vielen Fischarten nicht mehr genug große Tiere gibt, benutzen die Fischer immer feinere Netze. In den engen Maschen bleiben die kleinen Fische hängen und kommen um.

Auf Durchflug

Die Salzwiesen am Meer bieten Gänsen einen idealen Rastplatz. Alljährlich im Frühjahr fallen Tausende von Ringel- und Weißwangengänsen entlang der Nordseeküste ein, fressen sich satt und ruhen sich aus. Von dort aus fliegen sie in ihre Brutgebiete in der Arktis.

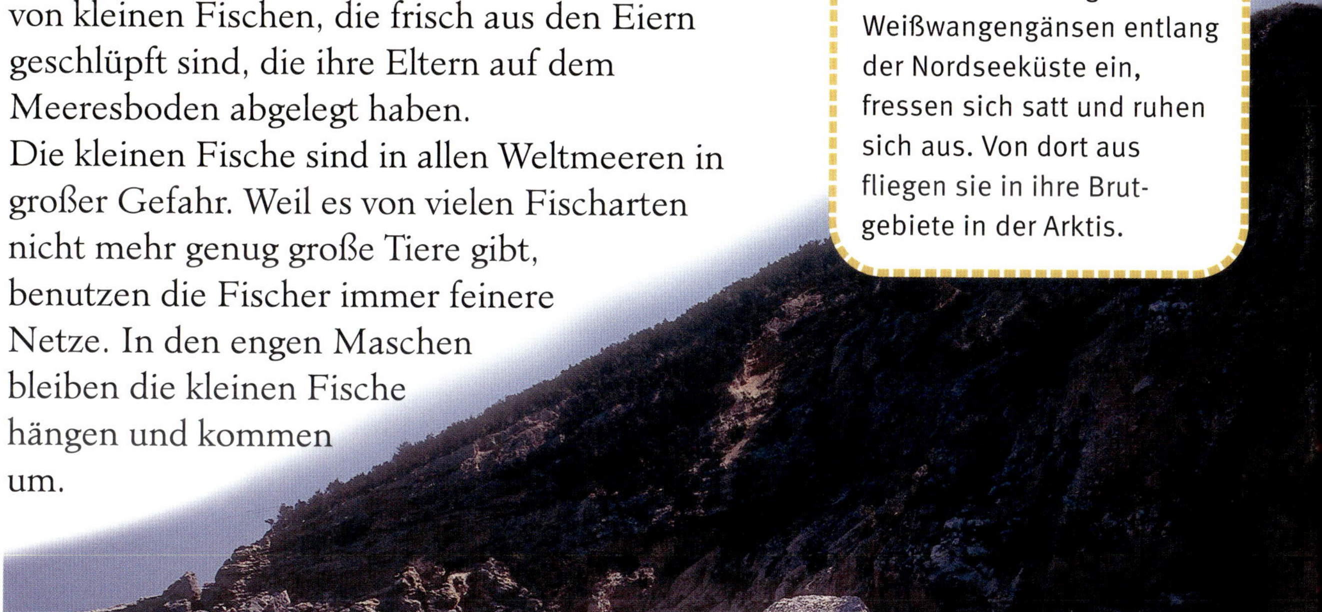

An den Küsten und überall auf dem Land blühen jetzt die Obstbäume. Wenn die zarten rosafarbenen, weißen und gelben Blüten bestäubt sind, wachsen aus ihnen Äpfel, Birnen, Kirschen und Pfirsiche. In Südeuropa werden jetzt die letzten Orangen geerntet.

Die Tulpen wachsen aus Zwiebeln, die im Herbst gesetzt werden.

In der Stadt

Auch in der Stadt siehst du den Frühling. In den Parks und Gärten blühen Forsythien, Stiefmütterchen und Rhododendren. Die Vögel zwitschern, und die Cafés stellen bei Sonnenschein wieder ihre Stühle und Tische vor die Tür. Mitten im Frühjahr, am Sonntag nach dem ersten Frühjahrsvollmond, liegt Ostern. Am Ostersonntag feiern wir die Auferstehung von Jesus Christus. Zu Ostern gibt es verschiedene Bräuche. Wir hängen buntbemalte Eier an Sträuße mit Zweigen, und der Osterhase versteckt Ostereier für die Kinder. In Frankreich bringen die Glocken die Ostereier, und in Polen bespritzen sich am Ostermontag alle gegenseitig mit Wasser.

!

Lege dir auf dem Balkon ein kleines Frühlingsbeet an! Fülle Pflanzerde in Blumentöpfe und säe Petersilie und Schnittlauch. Gib etwas Erde über die Samen. Stelle die Töpfe an eine sonnige Stelle und gieße sie regelmäßig. Bald werden die ersten Pflänzchen sprießen.

Alle meine Entchen

Auf den Teichen kannst du jetzt Enten mit ihren Küken schwimmen sehen. Wenn Entenküken aus dem Ei schlüpfen, haben sie ein flauschiges Daunenkleid. Sie können aber sofort schwimmen. Droht Gefahr, quakt die Mutter laut, und die Kleinen tauchen unter.

Jetzt fängt das schöne Frühjahr an

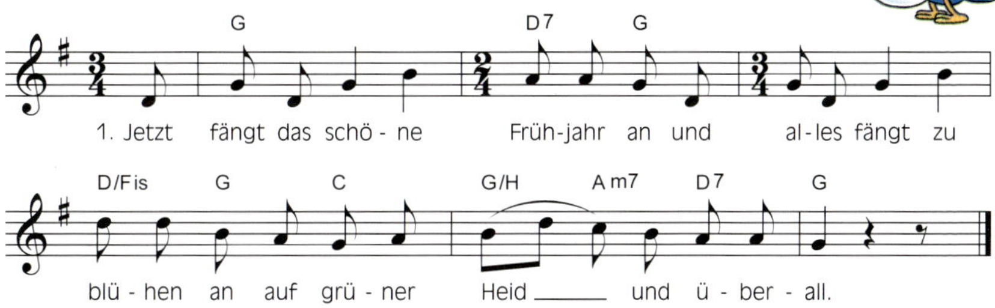

2. Es blühen Blümlein auf dem Feld, sie blühen weiß, blau, rot und gelb; es gibt nichts Schöner's auf der Welt.

3. Jetzt geh ich über Berg und Tal, da hört man schon die Nachtigall auf grüner Heid und überall.

Bauernregel:

April, April,
der macht, was er will.

Es tönen die Lieder

Was hörst du im Frühjahr?

Tschilp, tschilp ... die Vogelkinder recken hungrig ihre offenen Schnäbelchen aus dem Nest. Die Vögel begrüßen jetzt wieder zwitschernd den Sonnenaufgang. Die Kinder spielen auf dem Spielplatz und fahren Fahrrad und Roller. An Ostern läuten die Kirchenglocken. Welche Geräusche fallen dir noch ein?

Das ziehen wir an

Im Frühling packt man die warmen Wintersachen weg und holt die Übergangskleidung hervor. Was hängt im Frühling in deinem Schrank? Lass uns mal nachsehen …

1. Baumwollsocken
2. Tennissocken
3. Sonnenbrille
4. Kappe
5. T-Shirt
6. Hemd
7. Pullover
8. Jeans
9. kurze Hose
10. Baumwollhose
11. Jeansjacke
12. Baumwolljacke
13. Turnschuhe
14. Sandalen
15. Halbschuhe
16. Mokassins

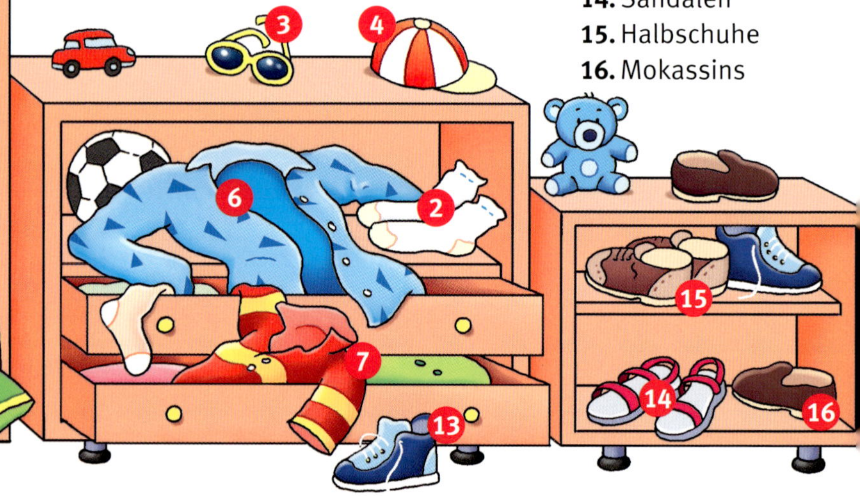

Die Farben des Frühlings

Wenn du ein Bild von einer Frühlingswiese malen willst, welche Farben würdest du wählen? Schau dir die Farben auf der Palette an. Hast du Kleidungsstücke in Frühlingsfarben in deinem Schrank?

Weiß
Gelb
Orange
Rot
Rosa
Pink
Lila
Himmelblau
Hellgrün

Das essen wir

Am Ende des Frühlings werden die ersten Erdbeeren reif. Ansonsten kommt das Obst und Gemüse aus dem Gewächshaus oder aus anderen Ländern. Das erste Gemüse ist der Spargel! Ab Mitte April wird der Spargel gestochen.

?

Warum haben wir im Frühling manchmal weniger Hunger?

1. Nudeln mit frischen Tomaten und Basilikum
2. Spargelcremesuppe
3. Gemüsesuppe mit Karotten, Stangensellerie und Rübchen
4. Tomaten
5. Zuckererbsen
6. Dicke Bohnen
7. Grüne Bohnen
8. Artischocken
9. Kopfsalat und Radicchio
10. Zucchini
11. Erdbeeren
12. Kirschen
13. Aprikosen
14. Honigmelone
15. Beerenkuchen
16. Schokoladenei

Weil die Temperatur höher ist und unser Körper weniger Energie braucht, um uns warm zu halten.

Der Sommer

Am Meer

In den Sommerferien füllen sich die Strände an Nordsee und Ostsee, am Mittelmeer und an der Atlantikküste. Kinder und Erwachsene liegen im Sand, planschen in den Wellen, bauen Sandburgen, suchen Muscheln oder spielen Ball. Strandkörbe bieten Schutz vor dem Wind, der an der Nord- und Ostsee oft so stark weht, dass man nicht im Sand liegen kann. Am Mittelmeer wird das Meer manchmal so warm, dass es kaum noch eine Erfrischung bietet. Aber wo du auch bist: Die Sonne scheint am Meer viel intensiver. Die ultraviolette Strahlung der Sonne kann deine Haut schlimm verbrennen. Deswegen musst du dich mit einer Sonnencreme mit hohem Lichtschutzfaktor einreiben.

Seegras und Algen

Seegras wächst auf dem Meeresboden. Durch die Strömung reißt es ab und wird als kleines Knäuel an den Strand gespült. Algen schwimmen im Meer. Wenn das Wasser verschmutzt ist, vermehren sie sich stark und bilden riesige Teppiche.

!

Am 21. Juni erreicht die Sonne ihren höchsten Stand. Die Sommersonnenwende ist der längste Tag und die kürzeste Nacht des Jahres.

An der Mittelmeerküste wachsen Kakteen, Palmen und eine haarige, giftige Pflanze, die Spritzgurke heißt.

Wie steht die Erde am 21. Juni? Schau nach auf S. 9

Gefahr am Meer

Trotz Badespaß musst du dich an einige Regeln halten: Springe nie erhitzt oder mit vollem Bauch ins Meer. Du kannst dabei ohnmächtig werden. Verlasse bei aufziehendem Gewitter sofort das Wasser und den Strand. Wenn der Blitz in die Dünen einschlägt, sucht er sich über den Strand den Weg ins Wasser. Das Meer kann starke Strömungen haben. Gehe nur hinein, wenn du schwimmen kannst und jemand dich begleitet.

Verborgene Welt

Im Meer leben ganz andere Tiere als an Land: Fische, Krebse, Quallen, Muscheln, Meeresschnecken, Seeigel und Seesterne. Sie alle sind sehr gut an das Leben im Wasser angepasst: Sie können unter Wasser atmen und, wenn sie Augen haben, auch sehen. Du kannst unter Wasser nur schlecht sehen und überhaupt nicht atmen. Wenn du eine Taucherbrille aufsetzt, kannst du plötzlich die Welt unter Wasser bewundern. Probiere es einmal aus! In den tropischen Meeren kann man an einigen Stellen Korallen sehen und Fische in allen nur erdenklichen Farben.

?

Warum ist Meerwasser salzig?

Die Flüsse spülen Mineralien ins Meer. Durch die Sonnenwärme verdunstet immerzu ein Teil des Meerwassers. Die Mineralien bleiben und machen das Meer salzig.

Auf dem Land

Auf den Feldern wird jetzt das Korn reif. Im Spätsommer werden Weizen, Roggen, Gerste und Mais geerntet. Außerdem mähen die Bauern die Wiesen, um Heu zu machen, mit dem sie die Tiere im Winter füttern. Gelb leuchten die Sonnenblumenfelder in der Landschaft. Aus den Kernen der Sonnenblume wird Öl hergestellt. An den Obstbäumen wachsen die Früchte. Die Kirschen sind reif. Zu kleine Äpfel werden gepflückt, damit die anderen besser wachsen können.

?

Welches ist dein Lieblingsobst?

Untermieter

Du beißt in einen Apfel – und siehst, dass schon jemand von der Frucht genascht hat! Die Raupe des Apfelwicklers ernährt sich gerne vom Kerngehäuse eines Apfels. Sie frisst sich satt und verlässt dann den Apfel, um sich zu verpuppen. So übersteht sie den Winter. Im Frühjahr des nächsten Jahres schlüpft aus der Puppe ein Nachtfalter. Apfelwickler gelten als Schädlinge.

Mehr über Schmetterlinge erfährst du auf S. 13

In den Bergen

Im Sommer treiben die Bergbauern ihre Kühe auf die hochgelegenen Almen. Dort grast das Vieh den Sommer über. Ein Senner melkt die Kühe morgens und abends. Halte beim Wandern die Augen offen: Vielleicht siehst du einen Dachs oder einen Hirsch. In großer Höhe kannst du Gämsen und Murmeltiere beobachten. Die Alpenveilchen blühen, auch die Alpenrose trägt ihre leuchtend roten, duftenden Blüten. Mit etwas Glück findest du vielleicht einen Bergkristall. Wenn du an einem Gletscher vorbeikommst, kannst du mitten im Sommer sogar rodeln.

Sonnenanbeter

Beim Wandern in den Bergen solltest du immer feste Schuhe tragen, auch wenn es heiß ist. Denn im Sommer sind die Schlangen unterwegs. Wie alle Reptilien, können Schlangen ihre Körpertemperatur nicht regeln.
An einem warmen Tag ist ihnen auch warm, und sie bewegen sich viel.
In den Alpen gibt es Giftschlangen. Aber mit guten Schuhen und einem Wanderstock, mit dem du eine Schlange vertreiben kannst, brauchst du nichts zu befürchten.

?

Wie sind eigentlich Wandewege gekennzeichnet?

Durch Zeichen in bunten Farben, die auf Steine und Bäume gemalt sind

In der Stadt

Den ganzen Tag draußen Fußball spielen, ins Freibad gehen und Eis essen – der Sommer ist auch in der Stadt schön. Abends bleibt es lange hell. Die Menschen sitzen in ihren Gärten und im Park, grillen und freuen sich über die milde Luft.
In St. Petersburg in Russland feiern die Einwohner ausgelassen die Weißen Nächte. In den Nächten um die Sommersonnenwende geht die Sonne im Norden Europas nur noch kurz unter.
Den Rest der Nacht ist es nur dämmrig.
Um deine Limo oder dein Eis schwirren im Sommer häufig Wespen. Sie lockt der Zucker an. Haben sie die süße Speise erst einmal entdeckt, lassen sie sich nur noch schwer vertreiben. Schlage trotzdem nicht wild um dich, denn wenn sich eine Wespe angegriffen fühlt, sticht sie zu.

?

Welches ist deine liebste Eissorte?

Schatten treten

Dieses Spiel kannst du mit deinen Freunden nur bei Sonnenschein spielen. Einer spielt den Schattenfänger. Er muss einen anderen fangen. Dafür muss er in den Schatten eines anderen Kindes treten. Das Kind, dessen Schatten erwischt wurde, ist der neue Schattenfänger.

Kennst du das?

Eine Lerche, die singt,
uns noch keinen Sommer bringt.
Rufen Kuckuck und Nachtigall,
ist der Sommer überall.

Bauernregel:

Fliegen die Fledermäuse abends umher, kommt anhaltend schönes Wetter her.

Trarira, der Sommer, der ist da

2. Trarira, der Sommer, der ist da!
Wir wollen hinter Hecken
und woll'n den Sommer wecken.
Ja, ja, ja, der Sommer, der ist da!

3. Trarira, der Sommer, der ist da!
Der Winter ist zerronnen,
der Sommer hat begonnen.
Ja, ja, ja, der Sommer, der ist da!

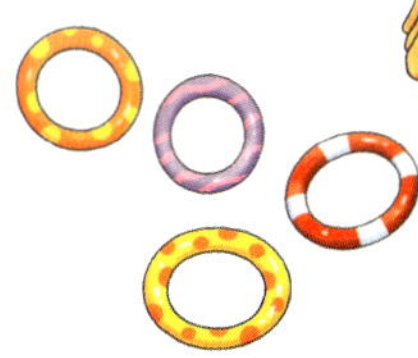

Was hörst du im Sommer?

Meereswellen rauschen an den Strand, ein Gebirgsbach plätschert munter über die Kiesel – was ist dein liebstes Feriengeräusch? Am Mittelmeer stimmen die Grillen und Zikaden abends ihr Konzert an. Bienen und Wespen summen. Nachts schwirrt manchmal eine Mücke durch dein Schlafzimmer, die du ... klatsch! erlegst. Im Freibad planschen und schreien die Kinder.

Das ziehen wir an

Meistens ist es im Sommer tagsüber heiß und abends warm. Es gibt aber auch kühle und nasse Sommertage. Was hängt im Sommer in deinem Schrank? Lass uns mal nachsehen …

1. Badeanzug, Badehose
2. T-Shirt
3. Top
4. Fleecepullover
5. Baumwollpullover
6. kurze Hose
7. kurzer Rock
8. Jeansjacke
9. Baumwolljacke
10. Turnschuhe
11. Wanderschuhe
12. Sandalen
13. Pantoletten
14. Flipflops
15. Mokassins
16. Sonnenbrille
17. Sonnenkappe

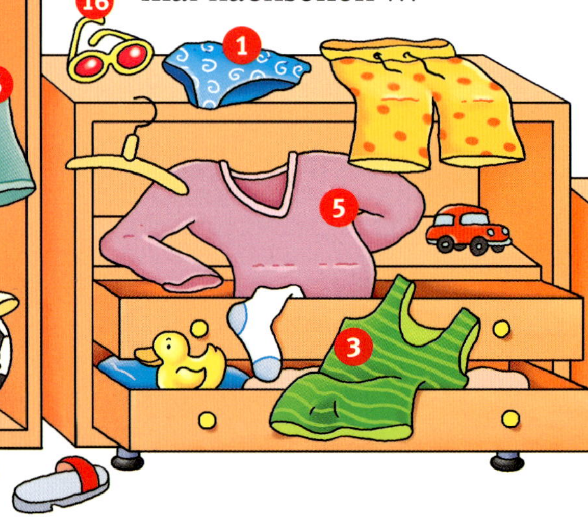

Die Farben des Sommers

Du möchtest von einem Sonnenuntergang an einem wunderschönen Sommertag am Meer erzählen. Von welchen Farben redest du? Und welche Farben hat der Sommer in den Bergen oder in der Stadt?

- *Gold*
- *Gelb*
- *Orange*
- *Dunkelorange*
- *Rot*
- *Violett*
- *Himmelblau*
- *Grasgrün*

Das essen wir

Was kommt im Sommer auf den Tisch?

?

Welches ist dein Lieblingsgericht im Sommer?

1. Reissalat
2. Buchweizensalat
3. Nudelsalat
4. Melone mit Schinken
5. Tomaten mit Mozzarella
6. Kalbsschnitzel
7. Frühkartoffeln
8. Kopfsalat
9. Endiviensalat
10. Zucchini
11. Auberginen
12. Tomaten
13. Frühlingszwiebeln
14. Stangensellerie
15. Maiskolben
16. Johannisbeeren
17. Brombeeren
18. Himbeeren
19. Feigen
20. Zitronen
21. Obstsalat aus Pflaumen, Pfirsichen, Aprikosen, Honigmelone und Wassermelone
22. Eis
23. Obstkuchen

Im Sommer wachsen viele verschiedene Kräuter.

Petersilie

Rosmarin

Salbei

Jahreszeiten in aller Welt

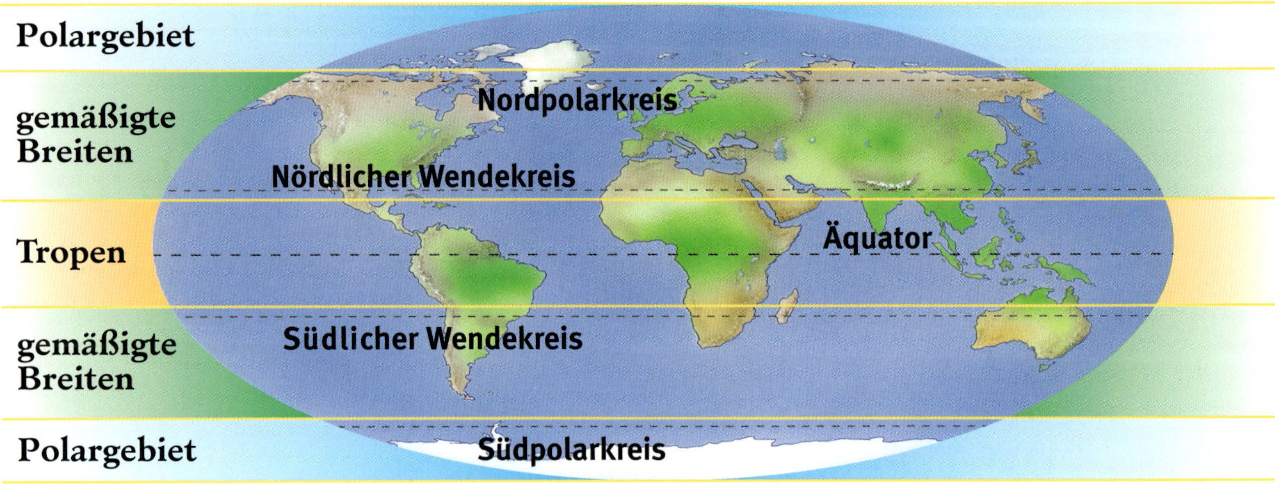

In die Weltkarte sind die Klimazonen der Erde eingetragen. Klima nennt man das Wetter, das, über einen längeren Zeitraum betrachtet, in einem Lebensraum vorherrscht. Das Wetter ändert sich von heute auf morgen, das Klima nur sehr langsam. Wir leben in den gemäßigten Breiten. Hier gibt es vier Jahreszeiten. Im Polargebiet und in den Tropen unterscheiden sich die Jahreszeiten nicht so deutlich. Das hängt mit dem Stand der Sonne zusammen. Sie wandert nur zwischen dem nördlichen Wendekreis und dem südlichen Wendekreis hin und her. In den Ländern dazwischen ist es am wärmsten.

Lebensräume und Klimazonen

Der lange Winter

Nordpol

Das Nordpolargebiet heißt auch Arktis. Die Arktis ist kein Kontinent: Unter der dicken Eisdecke ist Meer und kein Land. Hier leben Walrosse, Eisbären, Polarfüchse, Robben und Wale.

Das Polargebiet

Die Gegenden an Nordpol und Südpol bekommen im Sommer nur wenig und im Winter fast gar keine Sonnenwärme. Die Winter dauern sechs Monate. In dieser Zeit bleibt es auch dunkel. Der Sommer ist mild, aber niemals heiß. Die Sonne geht in der Nacht nicht unter. Wenn am Nordpol Winter ist, ist am Südpol Sommer und umgekehrt. In der Arktis wird es im Sommer wärmer als Null °C. Hier wachsen Pflanzen. In der Antarktis ist es für Pflanzen zu kalt.

Südpol

Die Antarktis, wie der Südpol auch genannt wird, ist ein Kontinent. Das Land ist von Eis und Schnee bedeckt, das nie auftaut. Hier leben der Kaiserpinguin und andere Pinguine, See-Elefanten, Robben und Kormorane. Im eisigen Meer jagen Wale nach Krill.

Tundra und Taiga

Die Tundra grenzt an die Arktis. Sie ist eine ebene Landschaft ohne Bäume. Der Boden taut nie richtig auf. An die Tundra grenzt die Taiga, in der Nadelbäume wachsen. Sie ist der größte Waldfläche der Erde. In den langen Wintern fällt viel Schnee. Die Einwohner fahren mit Motorschlitten und Hundeschlitten.

Mehr über Nadelbäume erfährst du auf S. 21

Der lange Sommer

Savannen

In Afrika gibt es riesige, mit Gras bewachsene Ebenen, die Savannen. In der Savanne ist es im Sommer und im Winter warm. Die meisten Savannen sind sehr trocken. Nur wenige Bäume können dort überleben, zum Beispiel die Akazien. Sie haben so lange Wurzeln, dass sie auch in der Trockensavanne ans Grundwasser kommen. Im Sommer gibt es eine Regenzeit. Dann tanken auch die vielen Wildtiere auf, die in der Savanne leben: Elefanten, Nashörner, Giraffen, Antilopen, Gazellen, Zebras, Gnus, Geparde und Löwen.

?

Welches ist die größte Wüste der Welt?

Wüsten

In Wüsten wächst wenig oder gar nichts: Kaum eine Pflanze kann die Trockenheit und Hitze überleben. Nachts kann es empfindlich kalt werden. Wenige Tiere leben in der Wüste. Sie haben sich an den Lebensraum angepasst. Die Wüsten-Hornviper vergräbt sich tagsüber im Sand und jagt nachts. Der Wüstenfuchs kühlt seinen Körper, indem er Hitze über seine großen Ohren abgibt. An einigen Stellen kommt in der Wüste das Grundwasser an die Oberfläche. Dort gibt es Oasen, wo auch Menschen leben und Landwirtschaft betreiben.

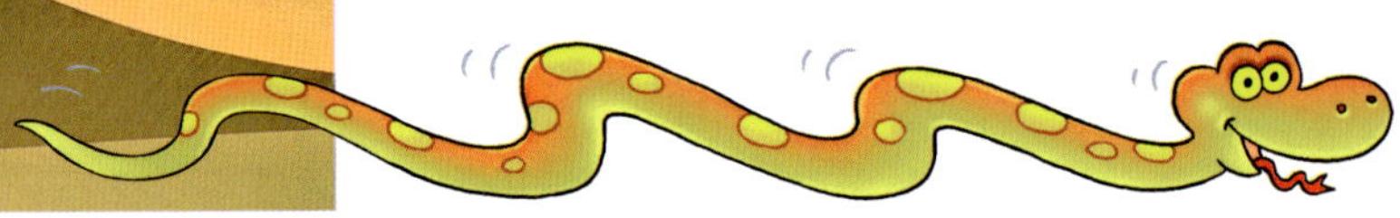

Die Sahara in Afrika

Sommerregen

Der tropische Regenwald

Entlang des Äquators liegen die tropischen Regenwälder. Hier ist es das ganze Jahr Sommer. Es ist immer warm – und immer feucht. Regen und Wärme sorgen dafür, dass die Pflanzen üppig wachsen und die Tiere immer etwas zum Fressen finden. Die Bäume der Tropen kennen keine Jahreszeiten: So kannst du Bäume sehen, die an einem Ast blühen, am nächsten eine Frucht tragen und an einem dritten das Laub abwerfen. In den tropischen Regenwäldern leben über die Hälfte aller Tier- und Pflanzenarten, obwohl die Wälder nur einen kleinen Teil der Erde bedecken. Um Ackerland und kostbares Tropenholz zu gewinnen, werden jeden Tag riesige Flächen Regenwald abgeholzt.

?

Gibt es außerhalb der Tropen Regenwälder?

In Nordamerika, Chile und Neuseeland gibt es naturbelassene Wälder mit viel Regen.

Stichwortverzeichnis